农业农村部农业转基因生物安全管理办公室　编

请别误会
转基因

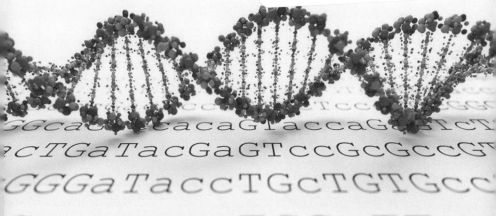

中国农业出版社
农村读物出版社
北京

目录

01

02

［一、专家眼中的转基因］

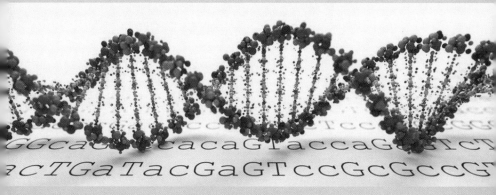

1. 重科学严监管，打好种业翻身仗

——权威专家谈推进生物育种产业化应用

▦ 对话专家

李香菊，中国农业科学院植物保护研究所研究员

刘标，生态环境部南京环境科学研究所研究员

谢道昕，中国科学院院士、清华大学教授

钱前，中国科学院院士、中国农业科学院作物科学研究所所长

黄季焜，发展中国家科学院院士、北京大学教授

曹晓风，中国科学院院士、中国科学院遗传与发育生物学研究所研究员

杨晓光，中国疾病预防控制中心研究员

陈君石，中国工程院院士、国家食品安全风险评估中心总顾问

夏晴，军事科学院军事医学研究院研究员

彭于发，国家农业转基因生物安全委员会副主任委员、中国农业科学院植物保护研究所研究员

李新海，国家玉米产业技术体系首席科学家、中国农业科学院生物技术研究所所长

吴孔明，中国工程院院士、中国农业科学院院长

■ 对话内容

党的十九届五中全会提出，瞄准生物育种等八个前沿领域，实施一批具有前瞻性、战略性的国家重大科技项目。2020年中央经济工作会议提出，要尊重科学、严格监管，有序推进生物育种产业化应用。一年多以来，我国生物育种产业化进展怎样？生物育种在世界发展如何？如何看待产品安全性？记者日前采访了多名权威专家。

◆ 试点效果明显

转基因技术是生物育种的重要方面，也是迄今为止全球发展速度最快、应用范围最广、产业影响最大的现代生物技术。

记者从农业农村部了解到，2021年，瞄准草地贪夜蛾虫害和草害等重大问题，农业农村部组织开展了转基因大豆和玉米的产业化试点工作。参加试点的耐除草剂大豆和抗虫耐除草剂玉米均已获得生产应用安全证书，经过了近10年的食用安全和环境安全评价。

中国农业科学院植物保护研究所研究员李香菊介绍说，试点结果显示，转基因品种特性优良，转基因大豆仅需喷施1次除草剂，除草效果即可达95%以上，明显优于常规大豆喷施除草剂的效果；转基因玉米在不喷施杀虫剂的情况下，对草地贪夜蛾的防治效果在85%以上，最高可达95%，优于常规玉米喷施杀虫剂的防治效果。

同时，节本增效优势明显。转基因大豆可降低除草成本50%，增产12%；转基因玉米可增产6.7%～10.7%，大幅减少防虫成本。转基因玉米由于害虫为害小而较少发霉,霉菌毒素含量较非转基因品种明显降低,品质好。

生态环境部南京环境科学研究所研究员刘标表示,试点跟踪监测发现,种植转基因大豆和玉米对昆虫及土壤微生物群落均无不良影响,种植转基因玉米还减少了杀虫剂的使用,促进了生态环境安全。转基因大豆和玉米使用同一种低残留除草剂,能够解决大豆、玉米田使用不同除草剂互相影响的问题,有利于进行大豆、玉米间作和轮作,实现高效生产。

据悉,此次试点地为科研试验用地,具有良好的隔离条件。试点采取了严格的管理方式,实施"统一供种、统一收购、统一技术规范",并且定期开展巡查指导和监督检查,防止非法扩散,确保了安全可控。

◆ 现代种业重要方向

转基因作物在世界的最新发展趋势如何?

据中国科学院院士、清华大学教授谢道昕介绍,转基因作物自1996年首次商业化种植以来,全球种植面积由最初的2550万亩*增加到28.6亿亩,作物种类已由玉米、大豆、棉花、油菜4种扩展到马铃薯、苜蓿、茄子、甘蔗、苹果等32种。2019年,全球主要农作物种植面积中74%的大豆、31%的玉米、79%的棉花、27%的油菜都是转基因作物。目前,全球商业化应用转基因作物的国家和地区达71个。

中国科学院院士、中国农业科学院作物科学研究所所长钱前表示,现代种业已进入"常规育种+现代生物技术育

---

* 亩为非法定计量单位,1亩=1/15公顷。——编者注

种+信息化育种"的4.0时代,"一个基因一个产业"已经成为现实。抗虫、耐除草剂、抗旱等性状的应用提升了转基因玉米、大豆等作物在成本、价格、品质方面的竞争力。

据发展中国家科学院院士、北京大学教授黄季焜介绍,美国、巴西、阿根廷是农产品的主要出口国,也是转基因作物种植面积最大的三个国家。美国生产的50%左右的转基因大豆和80%左右的转基因玉米都在美国国内消费使用,欧盟每年进口大量转基因大豆、玉米农产品,日本每年进口的大豆、玉米、油菜籽中转基因产品占比均在90%以上。

"基因资源争夺日益激烈,世界各国和跨国公司加大力度开展基因功能及基因遗传多样性的研究和开发利用,发展新型生物育种技术,争夺知识产权。"中国科学院院士、中国科学院遗传与发育生物学研究所研究员曹晓风说。

据了解,当前转基因产品已从单一的抗虫、耐除草剂向复合性状拓展,新型转基因作物兼抗多种害虫、耐受多种除草剂,部分还具有抗旱、品质改良、高产高效等性状。美国已经批准了聚合10种新型基因的抗虫耐除草剂玉米、快速生长三文鱼的商业化应用。

◆ 商业化种植以来全球未发生安全性问题

中国疾病预防控制中心研究员杨晓光表示,转基因技术1989年开始应用于食品工业领域,目前广泛使用的啤酒酵母、食品添加剂、食品酶制剂等,很多是转基因技术生产的。自1996年转基因作物商业化种植以来,全球累计种植转基因作物超过400亿亩,几十亿人口食用转基因农产品,没有发生过1例经过科学证实的安全性问题。

"转基因食品中含有的很少一点点外源基因和蛋白质,与各种食物中含有的大量基因和蛋白质一样,都会在人的胃肠道被消化分解吸收或排泄掉。"中国工程院院士、国家食品安全风险评估中心总顾问陈君石说,转基因食品不会随着摄入量增加在体内积累,没有产生长期影响的物质基础,更不会改变人类基因和影响后代。转基因抗虫作物中的"抗虫蛋白"只对特定害虫起作用,进入人体后会被消化降解,不会发挥作用。转基因饲料已在全球应用20余年,饲喂了几百亿只鸡,繁衍了20～40代,没有发现安全性问题。转基因致癌、转基因导致不孕不育等均为谣言。

军事科学院军事医学研究院研究员夏晴说,转基因食品长期食用的安全评价早已开展,多国的科学家们不仅采用最常见的模式动物小鼠进行过长期多代喂养试验,采用更大型的哺乳动物猪进行过长期2代喂养试验,还采用与人类亲缘关系最近的灵长类动物模型实验猴开展了长期2代喂养试验,均没有发现转基因产品安全性问题。

国家农业转基因生物安全委员会副主任委员、中国农业科学院植物保护研究所研究员彭于发表示,我国遵循国际公认的、权威的安全评价标准与规范,借鉴了美国和欧盟的一些做法,注重我国国情农情,制定了一系列法律法规、技术规程和管理体系。我国按照实验研究、中间试验、环境释放、生产性试验和申请安全证书5个阶段进行安全评价,在任何一个阶段发现任何一个对健康和环境不安全的问题后都会立即终止。

◆ 有需求、有技术、有储备

多措并举打好种业翻身仗，对于人口大国至关重要。海关总署数据显示，我国从1996年成为大豆净进口国，2020年进口量超过1亿吨，占国内消费量的85%以上；2010年成为玉米净进口国，2020年进口1130万吨。

"我国玉米和大豆的单产仅为美国的60%左右，重要原因是美国通过推广转基因抗虫耐除草剂玉米和耐除草剂大豆，增加种植密度、减少病虫草害损失、降低农药使用成本，提高了产量质量和竞争力。"国家玉米产业技术体系首席科学家、中国农业科学院生物技术研究所所长李新海说。

专家们表示，在国家相关科技计划支持下，我国转基因育种形成了自主基因、自主技术、自主品种的创新格局，产业化应用的技术条件已经成熟。

中国工程院院士、中国农业科学院院长吴孔明说，我国已培育出一批具有竞争力的作物新品种。国产抗虫棉市场份额达99%以上，转基因番木瓜在南部沿海省区产业化种植，有效遏制了环斑病毒对产业的毁灭性危害。

据了解，2019年、2020年，农业农村部相继批准了7个转基因耐除草剂大豆和转基因抗虫耐除草剂玉米的安全证书。我国自主研发的耐除草剂大豆获准在阿根廷商业化种植，抗虫大豆、抗旱玉米、抗虫水稻、抗旱小麦、抗蓝耳病猪等已形成梯次储备。

（本文节选自新华社2021年12月23日消息，记者：于文静）

2. 转基因技术为保障粮食安全注入新动能

■ 对话专家

吴孔明，中国工程院院士、中国农业科学院院长

万建民，中国工程院院士、中国农业科学院副院长、国家转基因生物新品种培育科技重大专项技术总师

■ 对话内容

民为国基，谷为民命。粮食安全是国家安全的重要基础。

2021年10月13日，海关总署公布数据显示，1—9月我国粮食进口量12827.3万吨，同比增长29.3%。其中，大豆进口量占粮食进口总量的57.67%。我国是粮食生产和消费大国，粮食供需总量基本平衡，但大豆、玉米以及部分种源仍依赖进口，种业"卡脖子"问题亟待解决。

突破资源约束，保障国家粮食安全，归根结底要靠科技创新和应用。习近平总书记强调，要下决心把民族种业搞上去，抓紧培育具有自主知识产权的优良品种，从源头上保障国家粮食安全。

2021年中央1号文件提出要加快实施农业生物育种重大科技项目。转基因技术作为全球发展最成熟、应用最广泛的生物育种技术，成为我们必须抢占的科技制高点。

我国转基因技术目前发展水平如何？转基因食品是否安全？转基因技术在保障我国粮食安全方面能发挥何种作用？就这些问题，记者采访了中国工程院院士、中国农业科学院院长吴孔明，中国工程院院士、中国农业科学院副院长、国家转基因生物新品种培育科技重大专项技术总师万建民。

◆ 转基因技术应用引发了农业生产方式的革命性变化，深刻改变了农产品贸易格局，已成为国际农业科技战略必争的前沿领域

记　者：什么是转基因，主要在哪些方面应用？

吴孔明：转基因，就是科学家利用工程技术将一种生物的一个或多个基因转移到另外一种生物体内，从而让后一种生物获得新的性状。比如，将微生物体内的抗虫基因转入棉花、水稻或玉米，培育成对棉铃虫、卷叶螟及玉米螟等昆虫具有抗性的转基因棉花、水稻或玉米。

目前，国际上转基因技术已经广泛应用于医药、工业、农业、环保、能源等领域，成为新的经济增长点，在未来数十年内将对人类社会产生重大影响。目前广泛使用的人胰岛素、重组疫苗、抗生素、干扰素和啤酒酵母、食品酶制剂、食品添加剂等，有很多都是转基因产品。

记　者：转基因技术在农业领域能带来哪些益处？

万建民：在农业领域，国际上已经培育了一大批具有抗虫、抗病、耐除草剂、优质、抗逆等优良性状的转基因作物新品种。转基因技术的广泛应用，有效降低了农业生产人工成本，减少了农药使用量，减轻了灾害损失，在缓解资源约

束、保护生态环境、改善和提高农产品质量和营养价值、推进绿色发展方面发挥了重大作用，引发了农业生产方式的革命性变化，深刻改变了农产品贸易格局，已经成为国际农业科技战略必争的前沿领域。

全球转基因作物产业不断扩大。自1996年转基因作物商业化种植以来，全球29个国家或地区批准种植，42个国家或地区批准进口，种类从转基因大豆、棉花、玉米、油菜拓展到马铃薯、苹果、苜蓿等32种植物，累计种植400多亿亩。在已批准商业种植的主要国家，转基因作物种植比例已接近饱和。全球范围内主要转基因农作物种植比例为棉花79%、大豆74%、玉米31%、油菜27%。

◆ 通过安全评价依法批准上市的转基因食品是安全的，与传统食品同等安全

记　者：有一些人认为"转基因食品不安全，欧美人不吃转基因食品"，转基因食品到底安不安全？

吴孔明：通过安全评价依法批准上市的转基因食品是安全的，与传统食品同等安全。

从科学角度看，转基因产品上市前需要经过食用的毒性、致敏性，以及对基因漂移、遗传稳定性、生存竞争能力、生物多样性等环境生态影响的安全性评价，确保通过安全评价、获得政府批准的转基因生物，除了增加人们希望得到的性状，例如抗虫、抗旱等，并不会增加致敏物和毒素等额外风险。

从国际上看，经济合作与发展组织、世界卫生组织和联

合国粮食及农业组织在充分研究后得出结论，目前上市的转基因食品都是安全的。根据500多个独立科学团体历时25年开展的130多个科研项目研究，欧盟委员会2010年发表报告得出结论，"生物技术，特别是转基因技术，并不比传统育种技术更有风险"。

从应用实践上看，转基因技术1989年开始应用于食品工业领域，目前广泛使用的啤酒酵母、食品添加剂等，很多都是转基因产品。自1996年转基因作物商业化种植以来，全球70多个国家和地区几十亿人口食用转基因农产品，没有发生过1例经过科学证实的安全性问题。

我国已经建立了一整套严格规范的农业转基因生物安全评价和监管制度，对农业转基因生物进行严格的安全评价和有效监管，切实保障人体健康和动植物、微生物安全，保护生态环境。

美国是转基因技术研发大国，也是转基因食品生产和消费大国。美国生产的50%左右的转基因大豆和80%左右的转基因玉米都在美国国内被消费使用。据美国杂货商协会统计，美国市场上75%～80%的加工食品都含有转基因成分。欧盟每年进口大量转基因农产品。2019年，欧盟进口转基因大豆约1200万吨，占欧盟大豆总消费量的70%以上，欧盟每年还进口约25万吨的转基因大豆油以弥补市场缺口。

◆ 我国已成为第二研发大国，实现了从局部创新到"自主基因、自主技术、自主品种"的整体跨越

记　者：我国目前的农业转基因技术发展水平如何，在

世界上处于什么位置？

万建民：我国是较早开展农业转基因研发工作的国家之一。20世纪80年代以来，"863"计划、"973"计划先后对棉花、水稻、大豆等转基因研发工作进行部署。2008年，国家启动农业领域唯一的科技重大专项——转基因生物新品种培育重大专项，农业转基因研发进入快速发展期。

我国转基因研发水平不断上升。基因克隆从零星少量到数量质量双升，获得了抗病虫、耐除草剂、耐旱耐盐碱、养分高效利用、优质、高产等重大育种价值基因300多个。转基因技术实现了从局部突破到整体跃升，多项关键技术获得了突破，获得发明专利近3000项。

我国转基因产品种类不断丰富。国产抗虫棉市场份额提高到99%以上；3个耐除草剂大豆和4个抗虫耐除草剂玉米获得生产应用安全证书；抗虫大豆、耐旱玉米、抗虫水稻、耐旱小麦、抗蓝耳病猪等已形成梯次储备。

我国转基因研发队伍不断加强。研发团队和领军人才队伍不断壮大，培育生物育种领军人才100余人。

经过多年努力，我国已成为继美国之后的第二研发大国，实现了从局部创新到"自主基因、自主技术、自主品种"的整体跨越，为转基因产业化应用打下了坚实基础。

◆ 转基因技术可提升我国玉米产量和生产水平，也是提升我国大豆产业竞争力的关键手段

记　者：我国是粮食消费大国，大豆、玉米等农产品目前大量依赖进口。您认为应如何解决这一问题，切实保障我

国粮食安全?

吴孔明:我国是粮食生产和消费大国,粮食供需总量基本平衡。2020年粮食面积达到了17.52亿亩,总产量达到13390亿斤*,全国粮食人均占有量达到474千克,高于400千克的国际粮食安全标准线。稻谷、小麦两大口粮产需平衡有余,谷物自给率超过95%,保障了"口粮绝对安全,谷物基本自给"的战略目标。但由于受到人口增长、资源约束、气候变化等因素限制,我国粮食供需处于紧平衡状态,大豆、玉米等产品总量缺口还会扩大。

我国大豆供给形势主要呈现以下几个特点:一是我国大豆刚性需求旺盛,产量缺口大。大豆进口依存度接近84%。二是大豆单产差距较大。2020年,我国大豆单产为132千克/亩,与世界平均单产185千克/亩相比,相差53千克/亩,单产提升空间较大。三是大豆生产成本较高。目前,我国大豆生产机械化、规模化程度低,人工成本较高,生产成本为625.9元/亩,比美国和巴西分别高出31.2%和41.9%。

转基因技术是提升我国大豆产业竞争力的关键手段。目前,全球大豆规模化经营主体主要采用株型紧凑、耐密抗倒、抗病性强、适合全程机械化生产的高产大豆新品种。我国通过转基因技术培育的3个耐除草剂大豆已获得生产应用安全证书,可降低除草成本30元/亩以上,较主栽品种增产10%以上,亩均增效100元,同时可以实现合理轮作。我国自主研发的耐除草剂大豆目前还获准在阿根廷商业化种植,完成了转基因产品的国际化布局。

---

* 斤为非法定计量单位,1斤=500克。——编者注

在玉米供给形势方面，近年，我国玉米种植面积基本稳定在6亿亩左右，2020年种植6.19亿亩，总产量2.61亿吨，自给率约为95%。目前，我国玉米单产仍有很大的上升空间，以2020年为例，我国玉米单产为421千克/亩，仅为美国的60%。

转基因技术可提升我国玉米产量和生产水平。目前，通过转基因技术培育的4个抗虫耐除草剂转基因玉米获得生产应用安全证书，抗虫效果达95%以上，比对照玉米产量可提高7%～17%，减少农药用量60%，有效降低了生产投入成本，减少了虫害后黄曲霉素污染。

◆ 转基因等前沿技术新突破将为保障粮食安全注入新动能

记　者：2021年中央1号文件提出"打好种业翻身仗"。发展转基因技术对生物育种有何重要意义？

万建民：2021年中央1号文件中就"打好种业翻身仗"做出部署，提出要在尊重科学、严格监管的前提下，有序推进生物育种产业化应用。

生物育种是现代农业生物技术育种的统称，主要包括利用转基因、基因编辑、全基因组选择、合成生物学等技术，对动植物、微生物开展高效、精准、定向遗传改良和品种培育。推进生物育种产业化是促进现代种业高质量发展、保障国家粮食安全和重要农产品有效供给的必然选择。

转基因技术是生物育种的重要方面，也是迄今为止全球发展速度最快、应用范围最广、产业影响最大的现代生物技术。发展转基因技术对我国生物育种具有重要意义。一是转基因技术具有明显的技术优点和带动性、先进性。转基因技术加快了对农作物品种抗性、品质、产量等多种性状的协调改良，为解决农业发展提供了一条有效的技术途径。二是转基因技术创造的重大产品可以解决目前面临的资源约束问题，提升产量。三是转基因技术对于我们抢占生物技术制高点、把握种业自主权具有重要意义。农业生物育种技术研发应用水平已成为衡量一个国家农业核心竞争力的重要标志，发展转基因技术、抢占农业生物育种技术及其产业制高点，是增强我国农业核心竞争力的重大战略。

记　者：习近平总书记在2021年两院院士大会上强调，实现高水平科技自立自强。我国转基因技术如何实现高水平发展，对于国家安全有何重要作用？

吴孔明：近年来，生命科学与信息科学快速发展，以转基因技术为底盘技术，融合驱动基因编辑、全基因组选择、合成生物、人工智能设计等前沿育种技术，催生出具有颠覆性的农业生物设计育种技术，成为农业生物育种领域的战略制高点。

目前，我国通过专项实施建立了完整的转基因育种技术体系，研发能力进入世界第一方阵，突破了一批关键核心技术瓶颈，主要动植物遗传转化效率达国际先进水平。但是，我国生物种业创新面临巨大挑战，关键核心技术原创不足，全球农业生物技术核心专利70%被美国控制。此外，我国生物技术和信息技术等系统融合与集成应用不足，新型产品和多性状叠加产品研发滞后。

在当前形势下，加强事关粮食安全的水稻、小麦、玉米、大豆等重大新品种研发，强化事关产业竞争力提升的棉花、猪、奶牛、羊新品种培育，拓展产业新优势的油菜、鸡、鱼等新品种研发，是保障国家粮食安全和生态安全的关键。目前，资源要素投入对产量提升的驱动力明显减弱，亟须转基因等前沿技术新突破，为保障粮食安全注入新动能。在发展转基因技术基础上，培育高产优质、抗病虫、抗旱耐盐碱、养分高效利用作物新品种和资源高效利用动物新品种，可望满足我国对粮食和肉蛋奶总需求的增长，从根本上保障国家粮食安全，解决资源节约、环境友好农业高质量发展的重大问题。

因此，为了实现我国转基因技术的高水平发展，考虑从以下几个方面开展布局：拓展技术领域，推进生物育种向精准化、高效化、智能化发展；坚持产品研发创新，研发多性状叠加产品和新型优质绿色产品；坚持产学研深度融合，构建"政产学研金"协同创新的生态体系，推动多元要素融合创新；大力推进产业化，综合考虑产品安全性、技术成熟度、产业急需度、社会接受度和国际贸易等因素推进商业化种植；打造领军企业，造就转基因生物育种创新领军人才和创新团队，打造具有国际竞争力的创新型种业企业。

（本文全文转载《中国纪检监察报》2021年10月16日文章：转基因技术为保障粮食安全注入新动能）

3. 转基因食品和传统食品同样安全，有科学共识

对话专家

陈君石，中国工程院院士、国家食品安全风险评估中心研究员

黄季焜，北京大学中国农业政策研究中心主任、农业经济学家

姜韬，中国科学院遗传与发育研究所高级工程师

罗云波，中国农业大学食品科学与营养工程学院教授

金兼斌，清华大学传播学院教授

对话内容

转基因食品安全吗？这是公众最为关心的热点问题之一。2018年4月19日，在北京举行的《食物进化》观影暨转基因科普交流会上，食品安全权威科学家陈君石院士解读了美国毒理学会的声明，再次强调：大量科学数据表明，转基因食品和传统食品同样安全和具有营养，这也是科学界的共识。

《食物进化》是一部公平而理性地探讨转基因话题的纪录片，影片于2017年在北美上映后受到媒体的一致好评。此次在北京举行观影活动，电影制片人斯科特·肯尼迪也来到现场和媒体交流。农业农村部相关负责人，生物技术、农

业经济、科学传播领域的专家也分享了转基因科普和产业化方面的观点。

国际大豆种植者联盟（ISGA）为活动的举办提供了重要的支持，ISGA的多位农民代表来到现场，分享了南美转基因种植对经济、社会和环境方面的积极影响。阿根廷是ISGA2018年轮值主席国，阿根廷免耕农民协会主席佩德罗·维尼奥表示，中国是ISGA重要的合作伙伴，他们非常认可在中国进行转基因科普工作的价值，所以从2014年起就陆续和中国有关方面合作，参与公众交流活动。

本次活动由科信食品与营养信息交流中心指导，食品营养与科学传播联盟主办，国内30多家主流媒体的记者观看了电影。

◆ 转基因食品经过系统评价，安全性不值得担忧

2017年11月，美国毒理学会发表了一项关于转基因食品和饲料安全性的立场声明，该声明表示，在20年中，没有任何可证实的证据表明转基因作物有可能对健康产生不利影响。本次活动上，国家食品安全风险评估中心研究员、中国工程院院士陈君石对该声明进行了解读。

陈君石说，该声明的主要观点是：转基因作物中表达的蛋白质经过系统的安全性评价程序，新作物和母体作物在营养和非营养成分方面没有明显差异，其他如基因组/转录组和代谢物表达、动物致敏性试验等方面也未见异常，因此可以说转基因食品与传统食品同样安全和具有营养；转基因食品的标识与其安全性无关，而是出于消费者知情

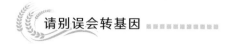

权的需要。

"对于人的消化系统来说，它不区别摄入物质是不是转基因食品，所有蛋白质进入人体都一样被消化吸收，至于它是什么基因，并不会影响人的基因，因此不必为转基因食品的安全性担忧。"陈君石说。

◆ 转基因产业化，农民和消费者受益最大

北京大学中国农业政策研究中心主任、农业经济学家黄季焜教授分享了其团队关于转基因产业化对社会经济影响的研究。该研究显示，以1999—2001年的调查研究为例，种植转基因抗虫棉每公顷能为农民增加收入1857元；1997—2003年，因种植转基因抗虫棉累计增加收入128.6亿元，并累计减少了农药施用量31.7万吨，农民施农药中毒概率从22%降低到4.5%。

黄季焜的研究还显示，转基因抗虫玉米如产业化其经济效益极为显著，与基准年份比，以虫害一般年份为例，预计2025年能拉动GDP增加534亿元，增加幅度约为0.05%。其中，消费者受益最大，每年可获得386亿元的收益，其次是畜禽业每年可获益104亿元，对农药行业则会有一定负面效应。但黄季焜也指出，城乡消费者并没有充分了解到这项举措对自身利益的影响。

也有人会问，目前中国粮食生产已经"十连增"（截至2013年），大家也不愁吃了，传统育种也能用，为什么一定要发展转基因？黄季焜表示，农业生产并不只是"增产"的问题，还要考虑农民的收入、健康和环保问题，"转基因具

有综合优势，能够增加农民收入、增强中国农业竞争力、减少进口、改善环境，还有利于保障消费者的食品安全。"

◆ 各国农民代表谈转基因：在减少农药使用上优势独特

转基因产业20多年的发展历程、全球累计数十亿公顷的种植已经证明，这项技术可以为全社会带来各种福利，那么，如何让更多消费者接受这项技术呢？

阿根廷免耕农民协会主席佩德罗·维尼奥表示，作为一名阿根廷的农民，他和家人也吃这些转基因食品。很多人拒绝转基因食品是因为有恐惧情绪，所以最重要的是让他们了解这项技术，了解转基因的过程。

巴西大豆生产者协会副主席费尔南多·卡多雷介绍说，转基因技术减少了化学投入品的使用，且没有任何证据表明转基因食品是不安全的，只要消费者看清这两点，就会做出正确的判断。

费尔南多·卡多雷还表示，中国和巴西一样，有很多地方属于热带或亚热带气候，都会面临农作物病虫害的问题，而巴西的经验是，转基因技术在农业中的应用可以大大减少因为病虫害而使用农药的情况，这是转基因技术的独特优势所在。

巴拉圭大豆生产者协会董事艾诺·米歇尔斯表示，要解决全球众多人口的粮食问题，我们需要使用包括转基因技术在内的先进科技，但令人忧虑的是公众仍然缺乏转基因技术的相关信息，我们需要告诉他们科学的知识，尤其要让公众知道任何一个转基因作物在进入市场前都要经过漫长、严格

的审评，所以它们是安全的。

◆ **专家谈传播得失：公众需要"真实的信息"**

《食物进化》制片人斯科特·肯尼迪也来到观影现场，分享了拍摄背后的感受。他表示，拍摄过程中令他感触最深的是，一些反对转基因产品的人表面是在传播谣言或不正确的信息，但背后是想推广其他的产品，比如有机食品。"有机食品当然是可以选择的，并不是不能选择，但如果你说只有选择有机产品才能拯救地球，才是好的母亲，这是不能接受的观点。

中国科学院遗传与发育研究所高级工程师姜韬点评了《食物进化》这部电影。他认为，该片具有明显的人文主义视角，比如其中一个镜头是一位南非的父亲非常激动地说："因为种植转基因，我现在交得起我孩子上大学的学费了。"很有人情味，这是和中国的"科普"很不一样的地方。另外这部影片给予了正反两方充分表达的机会，强调对话、交流、沟通，这也是非常值得赞赏的。

中国农业大学食品科学与营养工程学教授院罗云波谈到了中国在转基因科学传播上的得失。他认为，科学家需要和反对转基因的人进行对话和沟通，这不仅需要勇气，还需要技巧，同时，我们还要传达农民的心声，要发出农民的声音，因为中国仍然是一个农业国家，科学家和政府人员都应该为农民代言。

清华大学传播学院教授金兼斌表示，科学传播最重要的是把客观事实传递给公众，同时还要培养公众正确的思维，即很多认识的形成要基于科学事实，而不是基于流言和感觉。

农业农村部相关负责人表示，2018年农业农村部将继续加大转基因科普宣传力度，组建科普联盟，举办一系列宣传教育活动，通过各种媒介和渠道传播科学知识，回应公众关切。

（2018年4月20日，本文全文转载洪广玉公共食谈文章，该文整理了《食物进化》观影暨转基因科普交流会上部分嘉宾发言）

4. 转基因首先是科学问题

饶毅，北京大学生命科学学院教授（受访时）

对话内容

我国社会舆论很关心转基因问题，但中央电视台多年没有正面评述转基因。这一状况最近才改变。

2015年的中央1号文件首次写入"加强农业转基因生物技术的科学普及"。中央农村工作领导小组办公室在2月3日国务院新闻办举行的新闻发布会上对此作了进一步强调。

2月4日，央视财经频道就此邀请北京大学生命科学学院教授饶毅与央视评论员刘戈对话，聚焦作为科学问题的转基因。

◆ 转基因是一个科学问题

刘戈（央视财经评论员）：现在各种声音都参与到了（转基因）讨论当中，反倒是科学家和科学的声音变得比较小，尤其是你会发现，原来很多比如说在政治、社会（问题）上持不同意见的人在这个问题上高度一致，有的是从普适的角度，比如大家对转基因安全性的担心，还有的是对整个转基因问题（持有）阴谋论的看法。

这样一个社会现象，奇怪不奇怪？其实也不奇怪。美国在20世纪70年代也曾有过这样的现象，当科学家们刚开始进行转基因研究的时候，经过媒体报道，社会上会有各种担心。比如说，有的人（认为）会不会搞出来一个怪物，电影《哥斯拉》其实就是在那个背景下大家的一种想象；另外也有阴谋论，大家说这是不是有什么邪恶势力收买了科学家，要搞毁灭人类等这样一些荒诞不经的讨论。但是后来政府和科学家出面不断解释这个问题，实际上在美国主流科学界它已经不再成为一个问题。

饶毅（北京大学教授　著名生物学家）：我们先复习一下科学的常规。我们实验科学一般以课题组或实验室为单位，在一个学生或一个研究助理做出研究结果后，首先他自己要有对照研究，如果是安全性问题，他要检验安全性；然后在实验室内部展示结果，实验室的同学、同事、老师对其结果进行挑刺、批判，看批了之后还有什么有意义的结果，要反复做多次实验，然后才敢写成论文拿出去发表；审稿人也会挑文章的漏洞、问题，只有一小部分文章会被发表。而发表后，学界同行对发表后的论文首先还要再次批判，经历了一层一层的批判，才有少数的基础研究被大家重视，而其中更少的一部分值得应用。所以科学本身是有批判性的，可能是人类社会共有的批判性最强的领域。转基因实际上经过了很多环节，最初是细菌的转基因，过了20多年才是农作物转基因，同样经过很多环节以后才允许被应用。对转基因的安全性问题，正如刘戈刚刚说的，最初不是公众、而是科学家（一位诺贝尔奖得主）提出要慎重，安全性问题首先是科学

家想到的。科学家们在对转基因进行了批判性过程以后才得到广泛共识，不仅是最初那位诺奖得主，而且是绝大多数科学家都取得了共识。因此美国国家科学院、美国医学会、世界卫生组织、联合国粮食及农业组织（以下简称联合国粮农组织）全部公开表示支持，认为转基因食品与非转基因食品在安全性上是没有差别的。中国大众不仅应该知道这一结论，而且应该知道这个结论是在批判以后才得到的。科学界是客观批评最强的。

◆ **为什么不仅仅是我们中国，美国、欧洲也有些人依然在质疑转基因**

饶毅：全世界的科学家，对转基因的安全性有广泛共识。美国的争议不在科学方面，而在于是否要标识。欧洲有产业利益卷在里面，不希望外国农产品进入欧洲。转基因问题有几个方面的安全性问题：一是食品安全，与我们日常食用有关；二是生态安全，与我们的环境安全有关；三是产业安全，也就是说，这些产品是应该我国生产、我们吃，还是别人的产品向中国倾销，我们为此付出经济代价；四是国家的粮食安全问题。所以从长期来说，我们要能够运用传统技术生产出足够我们消费的粮食，这个可以从我国人口增加的速度和我国粮食增加的速度比较得出。饮食结构的改变也要考虑，当我们食肉多了以后，那么我们对粮食的消耗要大于单纯直接食用植物性食物，这是很不一样的。有人算过，如果我们现在不发展转基因等现代农业技术，退回到有些人士主张的所谓生态农业，那么就可能出现几分之几的人口食物短缺问题，这是一个国家面临的严峻的粮食安全问题。

◆ 如何守住转基因市场

饶毅：在技术上，只要国家政策允许，应该是可以用我国自主研发的转基因技术种植转基因农作物，可以供自己用，也可以出口。我们目前的问题在于政策上被挡住了。政策困境是舆论环境所造成的。我认为，各方面可以分担压力，在媒体监控下，在转基因支持者和反对者双方参与下，向大众证明转基因做出来的农作物在安全上到底有没有问题。因为某些人提出来的诸如精子下降、癌症发生等，都不是10年以后的问题，是1年之内就可能发生的问题，那就可以通过科学家和其他第三方监控来做实验。如果实验可以推翻这些谣传，我们就可以把谣言排除出去，这样才能让转基因问题回归科学范畴。

刘戈：在这个过程当中，政府的态度非常重要。另外，除了态度以外，还要有相应的制度以针对整个转基因的研究和推广，要能够让公众看得到。比如说美国，它对于转基因的研究有三层审验的机制。第一道关是农业部，要看农作物会不会产生比如说是基因突变等问题，导致产生没办法解决的杂草；第二道关是环境部，要评估转基因作物对于整个环境的、生态的影响；第三道关是FDA，也就是食品药品监管部门，要验证转基因食品对人体是不是有危害。我们的政府机构也可以根据中国的特色建立起对转基因的监管机制，这样的话老百姓就会明白，我们现在的转基因食品，不论是外国生产的还是中国生产的，都是经过严密的流程监管的，就能从心理上接受并相信，这个产业也才能真正做起来。

（本文转载自人民网2015年2月7日刊发文章，责任编辑：马丽、赵竹青。该文依据《央视财经评论》2月4日访谈节目整理，略有修订）

5. 转基因食品其实不危险

■ **对话专家**

罗云波，中国农业大学食品科学与营养工程学院教授

■ **对话内容**

北京5月14日电（记者任竞慧）北京市质量技术监督局于2013年5月7日正式对外发布通知，要求如果食品属于转基因食品或者含法定转基因原料的应当在其标识上标注中文说明。获得有机产品认证的食品，标签必须符合《有机产品认证管理办法》的要求。未获得有机产品认证的产品，不得在产品或者产品包装及标签上标注"有机产品""有机转换产品"（"ORGANIC""CONVERSION TO ORGANIC"）和"无污染""纯天然"等其他误导公众的文字表述。

食用转基因食品对人体是否有害？很多商家用"无污染""纯天然"旗号打出的"有机食品"对人体健康是不是就如他们所宣传的那样有益？记者就此走访了中国农业大学食品科学与营养工程学院教授罗云波。

◆ 转基因食用国纵览，其实不危险

"实际上，在转基因食品生产和出口最多的美国，食品药品监督管理局（FDA）称如果营养成分没有差异，不需在

食品标签上标明来自转基因还是非转基因作物；禁止刻意标注'非转基因食品'，原因是这样的标识会误导消费者。"采访之初，罗云波告诉记者。记者访问了FDA的相关网站，该项要求确实存在。

罗云波还特别提到，对我们国家而言，转基因食品主要为大豆油。"1992年我国棉花主产区棉铃虫灾害爆发，棉花产业陷入虫害困境举步维艰，美国转基因抗虫棉乘虚而入，1998年孟山都公司垄断了中国棉花市场份额的95%。发不发展自己的国产转基因抗虫棉的争论在当时也甚是激烈，但是最后我国还是下定决心大力发展转基因抗虫棉。拥有我国自主知识产权的转基因抗虫棉研育成功，中国成为世界上第二个成功拥有抗虫棉的国家，打破了美国抗虫棉对我国市场的垄断格局。"罗云波告诉记者。1999年国产转基因抗虫棉产业化推广，迄今国产转基因抗虫棉所占的市场份额高达90%以上，还进入了国际市场，参与国际竞争。

据《人民日报》2012年12月19日的报道，在转基因大豆原产地美国，农业部大豆研究专家马克·艾什称，美国转基因大豆产量占美国大豆总产量的93%。美国大豆大部分用于国内，预计2012—2013年度国内消耗4720万吨，向国外出口3730万吨，约占总产量的45%。

"而在大豆完全依赖进口的日本，转基因食品是有标识制度的，日本《转基因食品标识法》规定：对已经通过日本转基因安全性认证的大豆、玉米、马铃薯、油菜籽、棉籽5种农产品及以这些指定农产品为主要原料，加工后仍然残留重组DNA或蛋白质的食品，制定了具体标识方法。如果食品中重组DNA或由其编码的蛋白质仍有残留，那么所有食品生产者、制造商、包装商或进口商，都必须在食品标签上注明其主要原料。针对这条规定，罗云波说："虽然有这样的规定，但是在应用最多的大豆油和酱油产品上，日本并没有进行标识，他们的理由是，加工后的产品已很难检测到所转的外源基因，有时仅仅能检测到痕量的外源基因残留DNA片段，转基因成分并没有超过5%，所以有标识制度却不标，才是他们真实的国情。"

世界卫生组织（WHO）指出："当前在国际市场上可获得的转基因食品已通过了风险评估，不太可能对人体健康带来风险；而且，在它们被批准的国家的普通人群中，还没有发现食用这些食物会影响人体健康。"

罗云波说："实际上转基因食品的检验应用标准要远远高于其他食品原料，物种的急性、慢性、致敏性、毒理学都经过反复实验层层把关才可以投放市场。转基因植物哪些基因被改变，外源基因从哪里来到哪里去，在技术层面上是完全可控的。"

"我这次这么快就接受采访，很大原因是网上@我的人实在太多了，都在指责我，说转基因好，自己干吗不吃。可我要是一一回答了，又会陷入口水战中。"面对很多人一再的@和指责，罗云波有些无奈。"今天在这里我可以正式回答你。我从来没规避过转基因食品的食用，随便什么时候来我家看看都可以。"说着，他从冰箱里拿出一袋自己从台湾带来的豆干递给记者："你看，我自己平日吃的东西里就

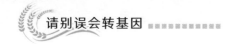

有转基因的。"记者看到豆干包装上赫然印着"转基因"三个字。

◆ 转基因辟谣，很多时候是冷饭重炒

针对网上一直反复热传的一条关于转基因带来危害的消息"法国卡昂大学科学家近日研究发现，长期食用转基因玉米可导致实验鼠易患肿瘤及多种器官损害。这一研究结果引起了人们的广泛关注和激烈争论"，罗云波这样告诉记者："其实这个消息被人们辟谣了不止一次了，但是每隔一段时间就被拿出来重新炒作一次。"

"稿件发布之初，欧洲食品安全局即站出来辟谣，随即法国科技界集体出来抗议，最终这篇稿件的网络版被撤掉。我当时也被邀请去对这件事进行评价。为此我还专门撰写了稿件。"

◆ "黄金大米"安全性没有问题，知情权和审查程序需要完善

对于发生在湖南的用小学生试验"黄金大米"的事，罗云波也做出了解读。

"'黄金大米'的安全性没有问题，问题在于没有尊重家长的知情权，以及入境程序不规范。之所以选择我们国家的儿童原因有二：第一，我国南方不够发达的地区很多孩子身体中缺乏维生素A，而'黄金大米'中富含的β-胡萝卜素只有在人体缺乏维生素A的情况下才能够转化成维生素A；第二，我国的科研实力可以支持实验的完成。虽

一、专家眼中的转基因

然非洲很多地区孩子身体也缺乏这种维生素，但是他们的科技实力过于薄弱。这件事错就错在，进行实验的科学家规避了伦理机构的审查，没有让孩子的父母完全知会详情，规避了食品安全实验应有的法定流程，所以虽然'黄金大米'本身没问题，但是此风不可长。"对于"黄金大米"事件罗云波如是总结。

"很多别有用心的人会利用我们存在很久的吃哪儿补哪儿的传统，制造一种很朴素易懂的谣言诱导国人，大致是这样的思路：转基因食物上会有很多基因，要是吃了这种基因的话身体里就会带上这种基因，所以转基因食品是有害的。其实这个跟吃了猪耳朵，耳朵就会变大的思维没什么区别。"罗云波深入浅出的类比，让记者也禁不住莞尔。

对于反转基因人士罗云波做出如下总结："三类人：一类是受过教育的跨行说话的非专业人士，反对观点多是出于不同政见的谩骂与指责，技术层面并没有提出足够有力的证据；一类是属于生物学范畴的专业人士，确实是某方面的专家，但囿于学科差异，无论从理论层面还是实践层面都不能提出有力证据证明转基因的不利；最后一类就是我们的消费者，受不良信息的诱导，他们震惊害怕，担心忧虑，其实他们是最无辜的。"

◆ 有机食品，吃的其实还是理念

提到《有机产品认证管理办法》的出台，罗云波向记者回顾了自己出国留学时的一段经历："那时我周围就有人提倡吃有机食品，就是那种不加化肥、不加农药，运用最原始方式进行栽种的植物。一棵白菜因为完全不施加农药，结果导致大部分被害虫侵蚀，送到这个人那里时就剩几片满是虫洞的菜叶，而且吃起来口感并没有传说中那么好。

有机食品因为自然、天然、无污染的标签很富有吸引力，可以在某种程度上弥补他们的价格弱势，引导消费者进行选购。现实层面上，完全做到有机的可能性很小，因为所有生物都离不开空气、水和土壤的循环。以我们最常实用的家禽鸡为例。我们都知道，鸡是一种杂食动物，它是什么都吃的，如果你放养的话，那么很多鸡的食物来源就很难监控，比如霉变玉米中的黄曲霉毒素等。

根据第六次全国人口普查详细汇总资料计算，2010年我国人口平均预期寿命达到74.83岁，比10年前提高了3.43岁。"人均寿命的提高与我们国力增强、生活水平提高有着不可分割的关系，但是直接原因还是饮食结构的健康与完备。我们不能因为几个个别案例的存在，而选择性地无视人均寿命提高这个现实。"罗云波说。

◆ 结语

"10多年前，转基因大豆和棉花一起叩响我国国门的时候，我们国家很及时地把握了研发转基因抗虫棉的机会，所以10年后我国将外国的转基因棉花赶出了国门，成功地把控了我国的棉花生产线。遗憾的是，同样的机遇在我国大豆生产方面却没有把握住，导致我国大豆严重依赖进口。这是个非常惨痛的教训。转基因是大势所趋，我们应该把握机遇，迎头赶上。在理性认识生活、发扬科学精神方面，我们依然任重而道远。"罗云波对记者说。

（本文节选自中国青年网记者任竟慧对中国农业大学食品科学与营养工程学院教授罗云波的采访，2013年5月14日。http://news.youth.cn/gn/）

6. 被"妖魔"的转基因

对话专家

卢宝荣，复旦大学生命科学学院特聘教授
罗云波，中国农业大学食品科学与营养工程学院教授

对话内容

自从1983年第一株转基因植物问世以来，转基因技术的前行就伴随着巨大的争议。如今已有数十种乃至上百种转基因植物在世界各地的实验室中诞生，涉及作物种类包括木瓜、大豆、玉米、茄子等。然而在全球范围内，公众对转基因技术的概念认识却广泛受到阴谋论和政治群体的影响。

与所有技术一样，转基因技术在应用时需要严格的论证和政府的监管。尽管各国政府的监管方式有所不同，对转基因的科学理解却早已达成共识。澎湃新闻整理了国内相关学者的科普演讲，为公众简述转基因是什么、转基因研究的必要性，并对转基因常见误解进行解答。

◆ 什么是转基因作物？能靠外观判断吗？

紫色的玉米和小番茄（圣女果），哪一个是转基因作物？
答案：以上都不是。
紫玉米为南美安第斯山的原生植物，富含蓝红色的类黄

酮素；而现在普遍种植的大番茄实际上就是由在南美发现的小番茄驯化选育出来的，因此小番茄才是"原生态"番茄。

外观并不能作为判断一种作物是否为转基因作物的因素。复旦大学生命科学学院特聘教授卢宝荣，日前在上海举办的"科学精神中国行"活动中表示，人们今天吃的很多食物并不是过去所谓纯天然原始的物种食物，包括小番茄到大番茄的这种状态改变，主要是由于基因发生了变化。

如果基因不发生改变，新品种就不可能产生，这是千百年农业基本的理论。人类不断地通过传统的杂交育种培育成今天的大番茄，提高了产量，满足了更多人的需求。

"太空育种、辐射育种、化学诱变育种、杂交育种……现在，辐射育种和化学诱变育种已经在实践中逐渐消失，因为育种效率不高。"卢宝荣说，"以前我们总听说太空西瓜很大，但谁也没吃过太空西瓜。事实上，西瓜种子在太空走一圈，下来以后绝大部分是歪瓜裂枣，真正能产生大西瓜的很少，说明这种育种可控性是很低的，变化完全是随机的。"

卢宝荣介绍，目前杂交育种相对比较稳定，可以按照优势互补的理念，对同一物种的两个不同品种进行杂交。但杂交育种需要不断地去杂交，不断地随机组合，最后得到相对可以妥协的结果。因此杂交育种的效率相对来说比较低。

转基因则是在杂交育种的基础上发展起来的，用人工的方法将基因由一个生命体转移到另外一个生命体，转移后得到新的基因生命体，就叫转基因生物。相比杂交育种，转基因育种更精准。

"比如转基因玉米，通过现代技术锁定要转入的抗病基因，再把这一基因放到玉米中，便可以期待转基因玉米的后代具备抗病能力了。"卢宝荣说。

◆ 为什么要研究转基因？

人工杂交并不能解决所有的农业问题，人类面临的困难是物种之间存在生殖隔离，有些物种之间根本没法进行人工杂交。

"像我们说的种瓜得瓜，即便瓜里包含有优良基因，我们也没有办法通过杂交把它转移到豆里面去。还有些微生物包含有益的基因，比如抗虫基因，我们要想通过人工杂交将抗虫基因转移到棉花里，门儿都没有。"卢宝荣教授在"科学精神中国行"活动中提到了转基因技术的意义。

他介绍，红薯是一个很好的天然转基因作物的例子，通过微生物感染，外源农杆菌的DNA片段进入其中，而且与之共存，带来新的性状。《美国科学院院报》中的研究曾提到，从红薯作物的栽培选育进化历史上看，所有栽培品种都获得了农杆菌基因，而野生亲缘种中没有检测到，这说明转基因作物在自然界中是存在的。

科学家在微生物或动物里发现了一个非常有用的基因，就可以利用生物技术把基因从微生物或动物中分离克隆出来，再找一辆"车（质粒）"，把这个基因装载和固定在车上。用这辆"车"来感染一种微生物，让它不断繁殖生产出许多基因的拷贝，再通过这个微生物把基因送到宿主——希望改良的植物细胞中。这个时候，从外源来的基因（抗虫、抗病、高产和优质基因）就可以转移到目标植物品种的细胞中。

随后这些携带有优良基因的细胞或组织将被培养成小苗，每一颗小苗里面都包含了这样的优良基因，待小苗长成以后就形成了转基因植物。

这便是现代生物技术转基因的方法，尽管过程与杂交不一样，但目标都是为了改良农作物的性状，培育优良品种。市场上通过安全审核批准的饲用或食用的转基因作物，都经过了转基因植物几代繁殖的性状观察、基因表达安全稳定的考核，有些还需要接受生态影响的检查。

"从前我们依靠天然杂交和人工杂交来改良品种，都有碰运气的情况。如果运气好，有用的基因就转移到了新品种中，运气不好就很难成功。但是利用转基因生物技术，我们就可以非常精准地掌握控制转基因。"卢宝荣表示。

目前，中国批准种植的转基因作物有番木瓜和棉花。卢宝荣介绍，转基因抗虫棉花及其产业化拯救了国内的棉花产业。此前由于棉铃虫已经对化学农药产生了极强的抗药性，依靠喷洒农药已经没法控制住害虫，即便一个星期喷两三次化学农药都不会有效，如今国内种植的大部分棉花都是转基因抗虫棉花。

◆ 虫子不能吃的转基因作物，人能吃吗？

目前的农产品当中，大量转基因的应用是在抗除草剂和抗虫。很多人听说过抗虫棉，其实不仅仅是棉花，大豆、玉米也可以抗虫。于是大家就会有疑问：既然虫子吃了转基因玉米都要死掉，那人会不会受影响？

不会。中国农业大学食品科学与营养工程学院教授罗云波日前在上海举行的"科学精神中国行"活动中对这一问题进行了明确回应。

罗云波表示，生物的杀虫机理跟化学的杀虫机理完全不一样，生物技术需要"一把钥匙开一把锁"。转基因植物拥有抗虫性，主要是因为转入了来自微生物的一个蛋白质，即Bt蛋白。这种蛋白质在昆虫肠道里面能够加工成为一个对昆虫有毒的蛋白。但Bt蛋白要起作用，必须要有相应的、专一的受体。人类的身体中没有Bt蛋白的受体，所以Bt蛋白对人类没有作用。

单纯地以虫子吃了转基因农作物会死，从而推断对人类有危害，是没有科学依据的。以同样的逻辑举出反例，罗云波提到，人类唾液腺分泌的唾液也能够杀死一些细菌，但对人类却无害。

"联合国粮农组织的专家对此进行了长期深入的研究，表明Bt蛋白是完全安全的。"罗云波表示。

此外，罗云波表示，用Bt蛋白杀虫可以减少杀虫剂的使用。现代农业当中，有很多病虫害要用杀虫剂，农药会污染环境、空气、水、土壤，农药残留又有伤害人类身体的风险。因此，对农药的控制是一个很严峻的挑战。使用转基因技术可以减少农药的使用，对环境、对人类健康都大有益处。

◆ 吃了转基因食品会影响我们的基因吗？

很多人害怕转基因，认为食物中的转基因会进入身体从而改变和危害人类。

针对这一问题，罗云波日前在上海举办的"科学精神中国行"活动中进行了回答:"我们每天都在吃来自不同生物的基因,消化道会把这些基因完全分解到一个更小的单元,而这些单元是不会被整合到人的基因里的。"

由于消化道的分解,DNA(脱氧核糖核酸)分子或其中的基因序列不可能完整且具备功能地穿过消化道进入人体血液,并扩散到身体各处,更不用说融入人体的细胞或嵌套进DNA中,进而影响人类的遗传。

基因是有效遗传的DNA片段,而DNA是一种生物大分子,主要功能是信息储存、引导生物发育与生命机能运作。

DNA分子存在于每一个动物和植物的细胞核内,人们每天吃的蔬菜和肉类中,每个细胞内都有完整的基因序列。食物在口腔经过咀嚼被切碎,以便与口腔、肠胃和消化道分泌的消化液充分混合。在消化道里,各种酶将各种大分子分解成糖、氨基酸、ATCG碱基等碎片。DNA作为一种大分子,它所包含的长编码序列也会被切断,无法再发挥遗传物质的作用。这些DNA分子被分解后的产物被消化道吸收进人体,再被用来重新组成人类身体所需要的分子。

所以,人吃了猪耳,是不是耳朵就会变大了呢?吃了鱼尾巴,是不是就会游泳了呢?当然不会。

(本文全文转载澎湃新闻2019年7月27日对复旦大学生命科学学院教授卢宝荣、中国农业大学食品科学与营养工程学院教授罗云波的系列访谈文章,记者:徐路易)

7. 被你误解的转基因食品有哪些

对话专家

许智宏，中国科学院院士

对话内容

本报讯（记者黄辛）8月17日，上海科协大讲坛暨科技前沿大师谈"暑期院士专家系列科普讲坛"的首期讲座在上海科学会堂举行。中科院院士、原北大校长许智宏，围绕"透视转基因——从农作物的由来说起"的主题，深入浅出地介绍了粮食作物的起源、种类、演化，以及全球食物生产和生态系统面临的问题和发展过程，并系统地阐释了现代生物育种的技术发展。

他说："事实上，我们今天吃的大多数农作物都是人类长期驯化、人工选育、转移基因的结果。"比如美国诺贝尔和平奖获得者、被誉为"绿色革命之父"的Norman Borlaug就是利用生物育种将高秆小麦变成矮秆。因为小麦秆子太高，养料就会集中在秆里面，如果麦秆变矮了，可以提高产量、降低成本，还能抗倒伏。

几年前，科学家曾对作物使用转基因后的生长效果做了一项详细统计：转基因作物平均增产22%，降低农药使用量37%，降低农药费用39%，增加利润68%，发展中国家得益比发达国家更明显。

说到番茄，其实我们今天的番茄比原始的醋栗番茄已经变大了100多倍，总共有18个主要基因发生了变化。再比如土豆，土豆在驯化的过程中，块茎变大了几十倍，形状变得更加规则，便于我们食用。

据介绍，我国已经初步建立了独立完整的生物育种研发体系，推动转基因生物育种发展是我国既定的国策：2008年国家科技重大专项"转基因生物新品种培育"正式把转基因列入国家项目，2010年生物育种被正式列入"战略性新兴产业规划"国家政策*。

转基因食品的安全性一直备受公众关心。美国国家科学院、美国国家工程院以及美国国家医学院召集了50多位专家组成了专家委员会，历时2年，完成了388页报告，回顾了超过900项研究，总结了转基因作物诞生20年来的数据。结论是：与普通食品相比，转基因食品并未增加人体健康风险。2016年6月末7月初，有110位诺贝尔奖得主联名发表公开信（截至2021年，已增加至159名诺贝尔奖得主联合签名），呼吁绿色和平组织放弃反转的立场。

许智宏指出，转基因生物安全具有非常严格的管理和审批标准，包括安全评价、品种审定、种子生产许可、种子经营许可、生产加工许可等。转基因农作物评定是有史以来最严格的对农作物品种的评定，不仅要通过食品安全评价，还

---

* 2020年中央经济工作会议和2021年中央一号文件提出"要尊重科学、严格监管，有序推进生物育种产业化应用"。2022年，习近平总书记在在看望参加全国政协十三届五次会议的农业界、社会福利和社会保障界委员并参加联组会时明确指出要"加快生物育种产业化步伐"。

有环境安全评价等。他强调，经过科学评估、依法审批的转基因作物是安全的，风险是可预防的。

事实上，除了棉花、番木瓜，还有国际上的大豆、油菜籽等外，我们在市面上真正能够见到的转基因食品其实是很少的。此外，国内容易被误解的转基因作物也有很多，包括圣女果、彩色甜椒、小南瓜、小黄瓜、胡萝卜、甜玉米、紫薯等，实际上它们并不是转基因的。

许智宏表示，在转基因技术方面，科学家也肩负着社会职责，在从事科学研究过程中，必须遵循共同道德和伦理准则，包括保护研究对象、保护环境、安全性研究，确保科学的良性发展。同时，科学家比公众具备更多这方面的知识，必须以负责任的态度参与决策、提供咨询、科学传播，有责任向公众普及科学知识，提升公众对科学的认知，弘扬科学精神，理性对待科学技术发展中的不确定性。

（本文节选自《中国科学报》记者黄辛2017年8月20日"暑期院士专家系列科普讲坛"报道文章内容。http://news.sciencenet.cn/htmlnews/2017/8/385569.shtm）

8. 农业领域"5G技术"亟须政策支持

对话专家

曹晓风，中国科学院院士

对话内容

"5G技术对中国意味着什么，对世界意味着什么，大家都明白。"在2020年全国两会小组讨论中，全国政协委员、中国科学院院士曹晓风说，"基因编辑育种，就是农业领域的5G技术"。

然而，尽管国家在这一领域投入了大量资金，国内科研人员的成果也位居世界前列，但我国的基因编辑作物的商业化依然为"零"。

在提案中，曹晓风建议加速我国基因编辑技术在花卉、牧草和果蔬等重要经济作物上的应用研究和产业化，对采用基因编辑技术得到的作物新种，应当有区别于转基因作物的管理标准。

◆ 有钱也可能买不到粮食

2020年，一场突如其来的新冠肺炎疫情席卷全球，给世界粮食生产和需求带来全面冲击。在疫情与极端气候、严重蝗灾等叠加下，已经有多个国家陆续发布粮食出口禁令。

"一场疫情让我们看到，有钱也买不到粮食的情况是完全可能出现的，中国人的饭碗必须牢牢端在自己手上。"曹晓风对《中国科学报》记者说。

尽管同为农业生产大国，中国的土地禀赋和生产潜力却远远不及美国。"美国的大平原一马平川，如果开足马力生产，可以养活全世界人口。但中国人口太多，土地太少，长期以来，我们不得不掠夺性地使用土地。"曹晓风指出，近几十年来，土地的过度开发利用、化肥和农药的过量使用，正在迅速摧毁中国人世世代代赖以为生的农田。

早在1988年，邓小平便在讲话中指出："将来农业问题的出路，最终要由生物工程来解决，要靠尖端技术。"但出于种种原因，这条科技兴农的道路在中国走得并不顺畅。

尽管我国在农作物基因编辑品种研究方面处于国际领先行列，尽管过去10年间我国政府花费了几十亿美元资助农业研究项目，"但目前我国基因编辑作物的商业化为'零'。"曹晓风说，"如果错过当前契机，错过更多分子育种核心技术的知识产权，未来有可能出现育种产业受制于人的现象。"

◆ 为什么说基因编辑与转基因不同

"从技术原理来讲，基因编辑技术是对作物自身基因组进行精确改造，不会插入原本没有的外源基因片段，最后得到的产品与自然突变无异，这是它与转基因技术的最大区别。"曹晓风解释。

2015年，美国种植了4000公顷抗磺酰脲除草剂油菜，这是全球首个商业化的基因编辑作物，不属于转基因作物。

除此之外，美国还对通过基因编辑产生的高油酸大豆、抗氧化蘑菇、糯玉米等作物都下达了转基因监管豁免权，将大多数基因编辑作物作为常规植物进行监管。包括瑞典、芬兰、俄罗斯、巴西、阿根廷在内的许多国家，也都认同基因编辑植物产品为非转基因产品。

可见，与对转基因作物的严格监管不同，许多国家都对基因编辑的农作物产品实行了更为快速、简化的监管。"这将节约巨大的社会成本。"曹晓风说。

鉴于中国至今依然践行着世界上最为严格的分子育种检测监管标准，曹晓风建议，除了水稻和小麦一部分重要农作物继续按当前政策管理外，可以适当放开对基因编辑育种新品种的登记制度，加快这些新品种的审（认）定程序并许可规模化推广应用。

自从2018年当选第十三届全国政协委员以来，连续3年，曹晓风的提案都与基因编辑等分子育种技术相关。

她呼吁政府和社会正视分子育种对国家粮食安全和生态安全的战略意义，"在欧美国家早已把大量基因编辑作物搬上餐桌的今天，中国也有必要加速基因编辑技术在花卉、牧草和果蔬等重要经济作物上的应用研究和产业化。"

"长期以来，我们国家非常重视农业基础科学发展，引进和培养了一大批优秀科研人才。在当前的历史机遇下，正应该调整政策，支持他们做出应有的贡献，为国家粮食安全做好技术支撑。"

令曹晓风格外挂心的是，直至今天，社会和公众依然对

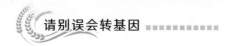

分子育种存在种种顾虑。

"很多人认为，千百年来我们吃的农产品都是天然的，这其实是一种误解。"她说，"即便大家种了几百年的传统品种，也是基因交换和重组的产物。"

她希望，在政策的加持和公众的理解下，未来基因编辑技术能帮助农民用更少的水和土地、更少的农药和化肥创造出更多的收获，帮助人类更好地应对粮食危机和气候变化。

（本文节选自《中国科学报》记者李晨阳在2020年全国两会期间的报道文章。http://news.sciencenet.cn/htmlnews/2020/5/440568.shtm）

［二、转基因热点问题解答］

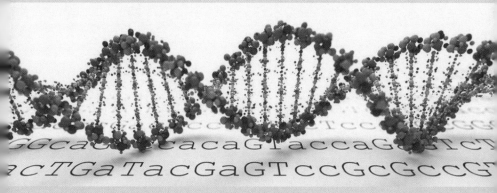

（一）基础篇

1. 什么是基因？什么是转基因？

基因为英语"gene"的音译，意指基本遗传因子，是控制生物性状的基本遗传单位。基因由含有特定遗传信息的核苷酸序列组成，是具有遗传效应的DNA（脱氧核糖核酸）或RNA（核糖核酸）分子片段，可以编码合成基因产物，如蛋白质或RNA。

转基因是利用现代生物技术将其他生物的一个或多个已知功能基因转入并整合到目标生物体中，改善目标生物原有

的性状或赋予其新的优良性状。除了转入新的外源基因外，还可以通过转基因技术对目标生物体基因进行加工、敲除、沉默等操作，以改变目标生物体的遗传特性，获得人们希望得到的性状。这一技术的主要过程包括外源基因的克隆、表达载体构建、遗传转化体系的建立、遗传转化体的筛选、遗传稳定性分析和回交转育等。

基因

外源基因　　　普通玉米　　　转基因玉米

转基因

相较于传统育种，转基因育种有何优势？

转基因育种技术与传统育种技术一脉相承，本质上都是通过改变基因的组成来获得优良性状。不同的是传统育种技术主要是依靠品种间杂交来实现基因重组，而转基因育种技术是通过基因定向转移，优势是可以打破物种隔离，拓宽

转基因
一次只"转入"一个或几个明确的基因

得到优良性状

辐射

诱变
通过物理、化学等特殊条件的诱导让作物基因发生不可预知的破坏和变化

杂交
一次要"转入"成千上万个功能并不清楚的基因，会产生数量庞大到天文数字的基因组合

遗传资源利用范围，实现跨物种的基因利用，将已知功能基因定向高效地转移到受体生物，获得特定性状，为高产、优质、高抗农业生物新品种培育提供了新的技术途径。这种基于对基因进行精确定向操作的育种方法，效率更高，针对性更强，是传统育种技术很难做到的。

转基因技术与传统育种技术相比较，具备以下两个优点：第一，拓宽了可利用基因的来源。传统技术一般只能在生物种内个体上实现基因转移；而转基因技术不受生物体间亲缘关系的限制，可打破不同物种间天然杂交的屏障。第二，后代表现可以预期。传统技术一般是在生物个体水平上进行，操作对象是整个基因组，不可能准确地对某个基因进行操作和选择，选育周期长，工作量大；而转基因技术目标明确、可控性更强。

3. 转基因农业会破坏生态环境吗?

20多年种植转基因作物的实践表明,转基因作物的种植在改善农业生态环境方面显示出巨大的优势。种植抗虫、耐除草剂、抗旱、耐盐碱等转基因作物,显著减少了农药、化肥的用量,改善了农业生态环境。据统计,1996—2018年,由于种植了转基因作物,全世界累计减少杀虫剂使用量7.76亿千克(减少了8.3%),环境影响商数(EIQ)降低18.3%。此外,由于种植了转基因作物,仅2018年CO_2排放量就减少了2300万吨,相当于一年在公路上减少1530万辆汽车。

　　与其他农业措施一样，转基因作物的大面积种植也可能带来长期的生态效应。如：与利用农药进行病虫害防治一样，抗病虫害转基因作物的种植将有效控制作物病虫害的发生，也可能诱导病虫害抗性的演化；专门针对棉铃虫、玉米螟、草地贪夜蛾等主要害虫的转基因作物应用，使得广谱性化学药剂使用量减少，可能导致次要害虫如盲椿象在未进行防治的情况下演变为主要害虫。抗除草剂转基因作物的利用将减少作物除草难度，但不管是种植转基因作物还是非转基因作物，只要大量使用除草剂，都可能增加杂草对除草剂的抗性风险。转基因作物并不会产生高于传统育种作物种植的生态环境风险。转基因作物大面积种植以后进行长期生态效应监控，可以为转基因作物的风险管理决策提供科学依据，有效保障转基因作物的持续利用。

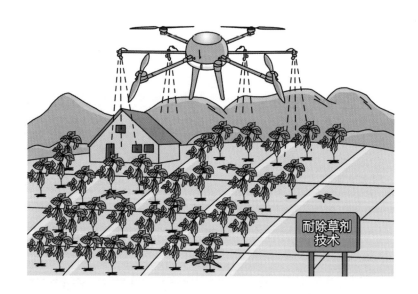

4. "抗性"害虫及杂草的出现可怕吗？

　　转基因作物在应用前会进行漫长而严格的环境影响评估，包括生存竞争能力测试、遗传物质向野生近缘种转移的可能性评估、遗传物质向其他物种转移的可能性评估等。转基因抗虫作物和杀虫剂类似，理论上害虫也会产生抗性。目前在转 *Bt* 基因抗虫作物周围种植一定量的非转基因作物作为敏感昆虫的庇护所或者研发新基因的抗虫植物等，可有效地延缓或者防止害虫抗性的产生。转基因抗除草剂作物同样也不会成为无法控制的"超级杂草"。1995年在加拿大的油菜地里发现了个别油菜植株可以抗 1 ～ 3 种除草剂，因而有人称它为"超级杂草"。事实上，这种油菜在喷

抗虫害
转基因玉米

不抗虫
普通玉米

施另一种除草剂2,4-D后即可全部被杀死。目前并没有证据证明"超级杂草"的存在。人类防治害虫及杂草的侵害是一个长期的过程，这要求我们不断地对技术进行创新与升级。

除了农业育种,转基因技术早已在人类生活与发展中发挥着重要作用。转基因技术最早是应用于医药领域,1982年重组人胰岛素经美国食品药物管理局批准上市,是世界第一例被批准上市的基因工程药物,也是世界首例转基因产品。通过转基因技术,利用微生物生产药品,可以大大降低药品的价格,如目前广泛使用的胰岛素、重组乙肝疫苗、重组丙肝疫苗、抗生素、干扰素和人生长激素等。转基因技术第二个应用领域是食品工业领域,1989年瑞士批准第一例重组微生物商业化生产牛凝乳酶用来生产奶酪。利用转基因技术进行微生物菌种改造,生产的食品酶制剂、添加剂已广泛应用于酒类、酱油、食醋和发酵乳制品等食品工业,啤酒酵母、食品酶制剂如凝乳酶、食品添加剂如氨基酸等,很多都是利用转基因技术生产的。此外,转基因技术还广泛应用于环保和能源等其他领域。

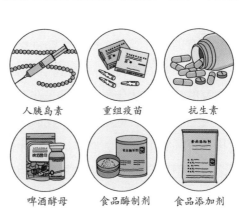

人胰岛素　　重组疫苗　　抗生素

啤酒酵母　　食品酶制剂　　食品添加剂

6. 转基因违背了自然规律吗？

有些人认为转基因违背自然规律，可能是基于两种模糊但错误的认识：一是认为物种的基因是不能动的，二是认为"转基因是跨物种的基因转移"，突破了生物屏障，听起来很可怕。从进化的常识来说，生物基因的改变在自然界中非常普遍，这是生物能适应自然选择的基础，也正是有基因的改变，才有了生物的多样性。正是由于转基因具有的突破生物屏障的功能，为育种学家的工具箱中添加了新工具。确切地说，转基因育种是人类在认识自然规律的基础上进行改造自然的科技创新活动。

"物竞天择，适者生存"，生物通过遗传、变异，在生存斗争和自然选择中，由简单到复杂，由低等到高等，不断发展变化。种属内外甚至不同物种间基因通过水平转移，不断打破原有的种群隔离，这是生物进化的重要原因。我们现在栽培的大多数农作物，就是野生植物经过人类长期驯化与人工选育的结果。从分子水平讲，在这个过程中，很多基因发生了突变、转移、重新组合。我们的祖先通过几千年的驯化选择和育种家上百年的遗传培育，才逐渐获得了现在种植的众多农作物新品种，有些甚至是新物种。例如：小麦就是由三个不同的禾本科杂草天然杂交形成的六倍体新物种；最早的玉米果穗和籽粒都非常小，通过人类不断选育，才成了现在的模样；最初的野生稻就像一株野草，披头散发，茎秆呈匍匐状，籽粒不光细小，而且易落粒，结实后还没等收获就掉了。通过人工选育，那些穗子不落粒的、茎秆挺立的植株被保留下来，演变成今天的水稻。而且，你可能从未想过：第一个转基因作物既不是大公司研究的，也不是由科学家设计的，而是8000年前在自然条件下天然产生的。在人类开始食用红薯之前，农杆菌就已经把它的基因插入了红薯野生祖先的基因组中。当人类开始种植红薯时，注意到了那些带有外源基因并具有膨大根块的红薯祖先，经过筛选驯化，逐渐繁育成今天庞大的栽培甘薯家族。实际上，我们已经吃了几千年的转基因作物了。

农杆菌　　　　　　　　　　　　　　　　农杆菌

7. 转基因种子不能发芽、留种吗？

　　严格地说，不能留种的说法是不确切的。所谓不能留种的农作物并不是不结种子，也不是种子不发芽，而是那些种子继续种植不能保持上一代的优良表型。这是因为那些作物是杂交的子一代，不是纯种，也就是说，"不能留种"的是杂交品种，但严格来说，"杂交"也不是不能留种，只不过留下的种子继续种植性状会分离，不适合种植了。转基因不过是一种育种手段，将转基因应用在常规品种，它就是可以留种的，应用在杂交品种，那么它就不适合留种。至于发芽，只要种子是好的，常规种和杂交种都能发芽。

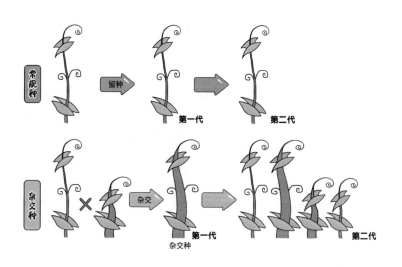

8. **转基因技术目前主要应用于哪些领域？**

国际上转基因技术已经广泛应用于医药、工业、农业、环保、能源等领域，成为新的经济增长点，在未来数十年内将对人类社会产生重大影响。目前广泛使用的人胰岛素、重组疫苗、抗生素、干扰素和啤酒酵母、食品酶制剂、食品添加剂等有很多都是转基因产品。

转基因技术的第一个应用浪潮是在医药领域。利用转基因微生物生产人胰岛素，于1982年由美国食品药物管理局（FDA）批准进入商业化生产，是世界首例商业化应用的转基因产品。此后，利用转基因技术生产的药物层出不穷，如应用转基因技术生产的疫苗、抑生长素、干扰素、人生长激素等。转基因技术的第二个应用浪潮发生在农业领域，包括转基因动物、植物及微生物的培育，其中转基因作物发展速度最快，具有抗虫、抗病、耐除草剂等性状的转基因作物在生产中被大面积推广应用，品质改良、养分高效利用、抗旱耐盐碱及高产转基因作物也已纷纷面世。转基因技术在工业中的应用也有长久历史，如利用基因工程菌生产酶制剂和添加剂等。此外，转基因技术还应用于环境保护和能源领域，如污染物的生物降解，利用转基因生物发酵燃料酒精等。

9. 目前开发的转基因作物主要解决了哪些问题？

　　国际农业生物技术应用服务组织通过总结1996—2018年的数据得出结论，在23年中，转基因作物为全球带来了2249亿美元的经济效益，惠及1600万～1700万户农户（其中95%来自发展中国家）。

　　转基因作物通过以下方式为应对粮食安全、可持续发展和气候变化问题做出贡献：

　　（1）增加作物生产率。1996—2018年，作物产量增加了8.22亿吨，价值2249亿美元，其中，仅2018年就增产8690万吨，价值189亿美元。

　　（2）保护生物多样性。1996—2018年，使农药活性成分用量减少了7.76亿千克，仅2018年就使农药的环境释放量减少了5170万千克；1996—2018年农药使用量减少8.3%，仅2018年就减少了8.6%；1996—2018年，节约了2.31亿公顷土地，仅2018年就节约了2430万公顷土地。

　　（3）减少二氧化碳排放。2018年减少二氧化碳排放230亿千克，相当于一年减少了1530万辆汽车上路。

　　（4）改善环境。1996—2018年将环境影响商数（EIQ）降低18.3%，仅2018年就降低了19%。

　　（5）缓解贫困。通过改善1600万～1700万户小农户及其家庭（即6500万人以上的全世界最贫困人口）的经济状况，帮助减轻贫困。

10. 目前我国转基因技术研发和应用都有哪些新进展?

　　我国转基因技术研发和应用在以下3个方面取得了积极进展。一是生物育种产业蓄势待发。转基因抗虫棉花品种培育和产业化取得巨大成效,国产抗虫棉市场份额提高到99%以上。3个耐除草剂转基因大豆和7个抗虫耐除草剂转基因玉米获得生产应用安全证书,抗虫大豆、耐旱玉米、抗虫水稻、耐旱小麦、抗蓝耳病猪等已形成梯次储备。二是自主创新能力显著增强。获得营养品质、抗旱、耐盐碱、耐热、养分高效利用等重要性状基因300多个,筛选出具有自主知识产权和重要育种价值的功能基因46个。三是生物安全保障能力持续提升。建立了我国转基因生态环境安全、食用安全评价和检测监测技术平台,大幅度提高了我国的生物安全保障能力。

（二）安 全 篇

11 **转基因食品的安全性有定论吗?**

　　转基因食品的安全性是有定论的，即凡是通过安全评价、获得安全证书依法批准上市的转基因食品是安全的，可以放心食用。国际食品法典委员会于2003年制定了转基因生物评价的风险分析原则和系列指南，成为全球公认的食品

安全标准和世贸组织裁决国际贸易争端的依据。转基因食品入市前都要通过严格的毒性、致敏性、致畸等安全评价和审批程序。世界卫生组织（WHO）以及联合国粮食及农业组织（FAO）认为：凡是通过安全评价上市的转基因食品，与传统食品一样安全，可以放心食用。迄今为止，转基因食品商业化已有20多年的历史，尚没有发生过一起经过证实的食用安全问题。

12. 为什么虫子不吃，人吃了却没事儿？

这个问题主要是针对转基因抗虫作物，转基因耐除草剂作物等没有抗虫效果。即使是转基因抗虫作物，也并不是虫子不吃，也不是所有虫子吃了都会死。以转基因抗虫棉为例，它可以防治棉铃虫、红铃虫，却不能防治盲椿象和红蜘蛛，盲椿象和红蜘蛛吃了转基因抗虫棉并不会死。实际上，抗虫转基因作物对人无害。抗虫转基因作物中的Bt蛋白是一种高度专一的杀虫蛋白，只能与棉铃虫等鳞翅目害虫肠道上皮细胞的特异性受体结合，引起肠穿孔，导致害虫死亡，

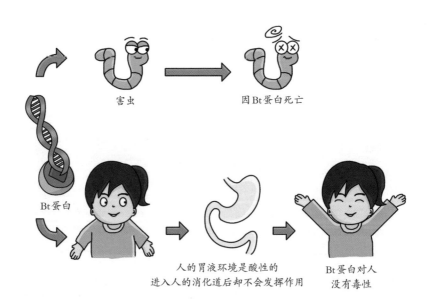

害虫　　　　　　　　因Bt蛋白死亡

Bt蛋白

人的胃液环境是酸性的
进入人的消化道后却不会发挥作用

Bt蛋白对人
没有毒性

而其他昆虫、哺乳动物和人类肠道细胞没有Bt蛋白的结合位点，因此不会对其他昆虫和哺乳动物造成伤害，更不会影响到人类健康。另外，人类发现Bt蛋白已有100年，Bt制剂作为生物杀虫剂的安全使用记录已有70多年，至今没有Bt制剂引起过敏反应的报告。

转基因食品为何无需几代人试吃？

关于长期食用的安全性问题，在转基因食品的安全性评价实验过程中，借鉴了现行的化学品、食品、食品添加剂、农药、医药等安全性评价理念，采取大大超过常规食用剂量的超常量实验，应用一系列世界公认的实验模型、模拟实验、动物实验方法，完全可以代替人体实验并进行推算回答，如长期食用是否会对人产生安全性问题。

转基因食品与非转基因食品的区别就是，转基因表达的目标物质通常是蛋白质，只要转基因表达的蛋白质不是致敏物和毒素，和食物中的蛋白质没有本质差别，都可以被人体消化、吸收利用，它就不会在人身体里累积，也就不会因为长期食用而出现问题。因为蛋白吃进去就消化掉了，不会长期保存在身体里。这和重金属污染是不一样的，重金属不能代谢掉，会逐渐累积，所以才会导致短期吃可能没问题，但长期吃可能会有问题的情况。人类食用植物源和动物源的食品已有成千上万年的历史，这些天然食品中同样含有各种基因。从科学发展的角度来看，转基因食品跟其他常规食品所含有的各种基因不存在差异，都一样被人体消化吸收，因此食用转基因食品是不可能改变人的遗传特性的。值得一提的是，1989年瑞士政府批准的第一个转牛凝乳酶基因的转基因微生物生产的奶酪，到现在已经有33年历史；1996年，转基因大豆、玉米和油菜大规模生产应用，迄今也有26年的历史。这些产品经过大规模长期食用，没有发现食用安全问题。

14. 美国人到底吃不吃转基因？

　　美国是转基因技术研发的大国，也是转基因食品生产和应用的大国。美国生产的50%左右的转基因大豆和80%左右的转基因玉米都在美国国内消费使用。据美国杂货商协会统计，美国市场上75%～80%的加工食品都含有转基因成分。据不完全统计，美国国内生产和销售的转基因大豆、玉米、油菜、番茄和番木瓜等植物来源的转基因食品超过3000个种类和品牌。加上凝乳酶等转基因微生物来源的食品，美国市场销售的含转基因成分的食品则超过5000种。许多品牌的色拉油、面包、饼干、薯片、蛋糕、巧克力、番茄酱、鲜食木瓜、酸奶、奶酪等或多或少都含有转基因成分。可以说，美国是吃转基因食品种类最多、时间最长的国家。

大豆　　玉米　　番茄　　油菜

我们都是转基因的！

15. 食用转基因食品会致癌吗？

　　"转基因食品致癌"的谣言，源于法国里昂大学教授塞拉利尼2012年完成的转基因抗除草剂玉米饲喂大鼠的试验。这个试验已被国际生物学界、欧洲食品安全局、法国生物技术高等理事会、德国联邦风险评估研究所等权威机构以及全世界绝大多数同行科学家所否定。塞拉利尼发表的论文，也被学术杂志撤稿。塞拉利尼试验用的大鼠，寿命只有2～3年，在自然生长状态下1年多以后就容易自发长出肿瘤，2年以后80%以上的大鼠会长出肿瘤，如果吃得过饱，生长

肿瘤的时间会更早，概率会更高。因此这种大鼠只适合做饲喂90天的毒理实验，不适合做饲喂2年的致癌试验。但是塞拉利尼做的就是饲喂2年的试验。

从科学研究上讲，众多国际专业机构对转基因食品的安全性已有权威结论，通过批准上市的转基因产品是安全的。从生产和消费实践看，20多年转基因作物商业化累计种植400多亿亩，至今未发现被证实的转基因食品安全事件。因此，经过科学家安全评价、政府严格审批的转基因食品是安全的。

日本科学家早在2008年就做过同类试验。用的大鼠比塞拉利尼用的大鼠寿命长，饲喂的也是转基因抗除草剂玉米，饲喂时间同样是2年，得出的试验结果是：转基因玉米与非转基因玉米，对实验鼠的生理影响没有显著差异，不致癌。

2018年，欧洲发布了一项历时6年、总共耗费1500万欧元（折合人民币1.13亿元）的研究成果，证明转基因食品的安全性（包含的三个项目分别是：欧盟资助的"转基因生物风险评估与证据交流"项目、"转基因作物两年安全测试"项目和法国的"90天以上的转基因喂养"项目）。项目研究报告得出结论，两个转基因玉米品种在试验动物中没有引发任何负面效应。此外，数据还显示，转基因玉米也没有影响测试对象的免疫功能［此项研究发表在《毒理学档案》（*Archives of Toxicology*）上］。

　　事实上，转基因食品到胃里后便被强大的消化酶分解成人体可以吸收的小分子物质，从而为机体的生命活动提供能量，与普通的食品无异。此外，转基因技术中使用的基因，都是自然界存在的、功能已经被研究透彻的基因，它们不仅不会致癌，还会赋予传统动植物不具备的优良特性。

　　世界卫生组织（WHO）最新发布的2018年国际癌症研究机构致癌物清单，将973种致癌物依据致癌性证据划分为肯定致癌、较大可能致癌、较小可能致癌、尚不清楚是否致癌四类（一至四类由重至轻）。致癌物清单中不包含转基因食品。

人吃了转基因食品后会改变自身的基因吗？

　　产生这个问题的原因是由于公众对转基因食品的本质不够了解。所有食品，不论是转基因还是非转基因的，都含有基因。食品进入人体后，会在消化系统的作用下，降解成小分子，而不会以基因的形态进入人体组织，更不会影响人类自身的基因组成。

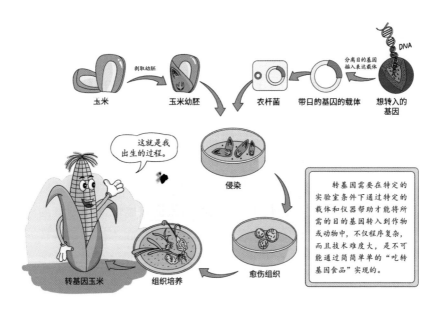

玉米　　剥取幼胚　　玉米幼胚　　农杆菌　　带目的基因的载体　　分离目的基因插入表达载体　　想转入的基因　　DNA

这就是我出生的过程。

侵染

转基因玉米　　组织培养　　愈伤组织

　　转基因需要在特定的实验室条件下通过特定的载体和仪器帮助才能将所需的目的基因转入到作物或动物中，不仅程序复杂，而且技术难度大，是不可能通过简简单单的"吃转基因食品"实现的。

17. 为什么转基因食品不做人体试验？

人体试验既要讲科学伦理，还要考虑试验在设计、操作上的可行性，这两条缺一不可。转基因的人体试验在设计上不可行，达不到试验目的。药物的临床试验，不仅要求受试者的症状、试验目标一致，还要求能够对所有参与者的试验过程严格管控，最后对药物的疗效进行比较。但食物很难这样操作，你不能要求所有受试者在很长一段时间里只吃一种或两种食物，也不能要求所有人都吃完全一样的食物。同时，人的健康状况受很多因素影响，假使真的有人在参加试验后"生病"了，也很难判断是因某种食物还是其他因素引起的。

要验证转基因的安全性，并不是非做人体试验不可。现代科学对于食品的成分以及在人体中的消化过程已经掌握得十分清楚，比如转基因玉米和非转基因玉米，它在主要成分上没有区别，那么对于人的健康来说就不会产生新的问题。

验证食品的安全性，国际上的通行做法都是用动物做试验，动物试验完全满足评估转基因食物安全性的需要。目前转基因食品安全评价一般选用模式生物小鼠、大鼠进行高剂量、多代数、长期饲喂试验进行评估。迄今为止，所有的动物试验均未发现转基因食品存在安全问题。

18. 转基因食品为什么要进行食用安全评价？

我们日常食用的食物中，大部分是天然食物及其简单加工产品，如谷物、蔬菜、水果、禽畜产品及其初加工产品，人类根据自己的长期实践经验认为它们是安全的，并没有进行专门的食用安全评价。但是这些传统食物并不是绝对安全的，比如对大多数人来说营养丰富的鸡蛋和牛奶，对于少数过敏体质的人来说就是导致过敏的罪魁祸首；作为主食的谷物中也往往含有许多天然的毒素和影响消化吸收的抗营养因子，如植酸和胰蛋白酶抑制剂等，这些物质要经过特定的加工处理才能减少或消除对人体健康的影响；蔬菜和水果中也有许多已知的会对健康造成不良影响的成分，如发芽马铃薯中的龙葵碱等。所以，天然食品的安全性也都是相对的。对于这些食品的潜在危害与风险是通过长期食用过程中积累的经验来确定的。

随着科技的发展，许多新型食品如辐照食品、功能食品等，以及各种化学食品添加剂、酶制剂等食品成分出现了，这些食品和食品成分都要通过专门的食用安全性评价后才能供消费者食用。人们通过长期的试验摸索，针对这些新型食品和食品添加剂已经建立起一套以动物为主要试验对象的、较为完善的食用安全性评价方法。

转基因食品的安全性评价是在以往食品安全性评价基础上，结合转基因食品的特点建立的，并随着科学技术的进步不断补充和完善，其严格的安全评价过程，有助于将可能的风险降到最低。

与传统育种方法不同，转基因生物技术是通过生物技术手段打破了物种生殖隔离屏障，将某一基因片段引入到其他生物基因组中以改变其遗传性状，使动物、植物、微生物三界的遗传物质实现交流。为了预防在基因操作过程中，把一些可能对人体健康或环境安全有害的基因转入受体生物，或者由于基因操作引起受体生物产生不可预期的变化而影响人体健康和环境安全，各国政府都重视和评估转基因生物的安全性。

（三）管 理 篇

 19. **欧盟、美国、中国管理转基因的原则有何差异？**

　　美国转基因安全管理以产品的特性和用途为基础，未单独立法。美国政府于1986年颁布了《生物技术法规协调框架》(以下简称《协调框架》)。《协调框架》将基因工程技术纳入现有法规进行管理，即在原有《联邦杀虫剂、杀菌剂、杀鼠剂法》《有毒物质控制法》《联邦食品、药物和化妆品法》《联邦植物病虫害法》《植物检疫法》的基础上增加了转基因产品有关条款。《协调框架》还规定，美国农业部（USDA）、美国环保署（EPA）和美国食品药品监督管理局（FDA），是农业生物技术及其产品的主要管理机构，它们根据各自的职能对基因工程技术及其产品实施安全性管理。上述3个机构既有分工，又有协作。

　　欧盟转基因生物安全以过程为基础进行管理。欧盟按照预防原则对转基因生物进行单独立法管理，实施从农田到餐桌各环节监控，保证转基因产品的可追溯性。生物安全管理的决策权在欧盟委员会和部长级会议，日常管理则由欧洲食品安全局（EFSA）及各成员国政府负责。EFSA负责开展转基因风险评估，独立地对直接或间接与食品安全有关的事务提出科学建议。转基因生物在欧盟范围内开展环境

释放，主要由各成员国政府提出初步审查意见，EFSA组织
专家进行风险评估，最后由欧盟委员会主管当局和部长级
会议决策。

我国高度重视农业转基因生物安全管理，在管理模式
上，既针对产品又针对过程。建立健全了一整套适合我国国
情并与国际接轨的法律法规和技术管理规程，涵盖了转基因
研究、试验、生产、加工、经营、进口许可以及产品强制标
识等各环节。在管理架构上，建立了由农业、科技、环保、
卫生、食药、检验检疫等多个部门组成的农业转基因生物安
全管理部际联席会议制度，负责研究和协调农业转基因生物
安全管理工作中的重大问题。农业农村部设立了农业转基因
生物安全管理办公室，负责全国农业转基因生物安全的日常
协调管理工作。县级以上地方各级人民政府农业行政主管

部门负责本行政区域内的农业转基因生物安全的监督管理工作。在安全评价上，组建了来自多个学科的权威专家组成的国家农业转基因生物安全委员会，负责对转基因生物进行科学、系统、全面的评价。发布多项转基因生物安全标准，认定多个国家级的第三方监督检验测试机构。因此，我国转基因生物安全管理既参照国际通行做法，借鉴美国、欧盟管理经验，又立足国情，因时因地制宜，体制和运行机制规范、严谨，可以确保安全。

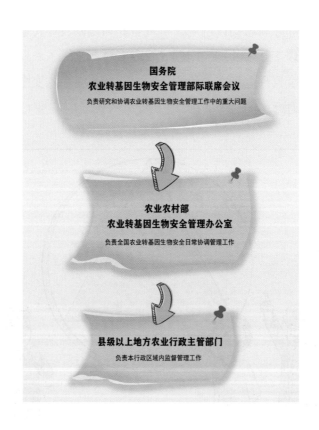

20. 中国都有怎样的管理法规？

中国对转基因的管理最早从1993年开始，要求在从事基因工程实验研究的同时，还应当进行安全性评价。1997年，农业部正式开始受理农业生物遗传工程及其产品安全性评价申报书。

2001年5月23日，国务院公布了《农业转基因生物安全管理条例》，明确规定农业转基因生物实行安全评价制度、标识管理制度、生产许可制度、经营许可制度和进口安全审批制度，其目的是为了加强农业转基因生物安全管理，保障人体健康和动植物、微生物安全，保护生态环境，促进农业转基因生物技术研究。

在《转基因生物安全管理条例》发布后，农业部和质检总局制定了5个配套规章，即《农业转基因生物安全评价管理办法》《农业转基因生物进口安全管理办法》《农业转基因生物标识管理办法》《农业转基因生物加工审批办法》和《进出境转基因产品检验检疫管理办法》5个配套规章。2016年，农业部修订了《农业转基因生物安全评价管理办法》。2017年，国务院修订了《农业转基因生物安全管理条例》，农业部修订了《农业转基因生物安全评价管理办法》《农业转基因生物进口管理办法》和《农业转基因生物标识管理办法》。2022年，农业农村部公布了对《农业转基因生物安全评价管理办法》《主要农作物品种审定办法》《农作物种子生产经营许可管理办法》《农业植物品种命名规定》4部规章部分条款的修改内容，制定公布了《农业用基因编辑植物安全评价指南（试行）》。

《中华人民共和国种子法》《中华人民共和国农产品质量安全法》《中华人民共和国食品安全法》等法律对农业转基因生物管理均做出了相应规定。种子法对转基因植物品种选育、试验、审定、推广和标识等做出专门规定。《农产品质量安全法》规定，属于农业转基因生物的农产品，应当按照农业转基因生物安全管理的有关规定进行标识。《食品安全法》规定，生产经营转基因食品应当按照规定进行标识。

转基因作物全球产业化情况如何?

转基因作物的种植面积持续扩大,据国际农业生物技术应用服务组织(ISAAA)2021年1月发布的最新数据,2019年,29个国家种植了1.904亿公顷的转基因作物,其中包括24个发展中国家和5个发达国家。发展中国家占全球转基因作物种植面积的56%,而发达国家为44%。另有42个国家/地区(16个国家/地区加上26个欧盟成员国)进口了转基因作物用于食品、饲料和加工。根据单种作物的种植面积计算,2019年,全球79%的棉花、74%的大豆、31%的玉米和27%的油菜是转基因作物。

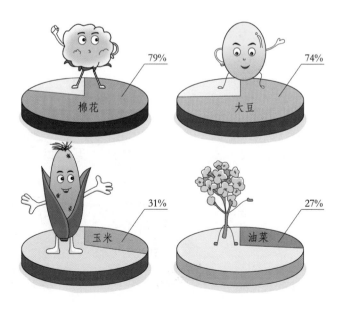

22. 我国发放了哪些转基因作物生产应用安全证书？其种植情况如何？

经过多年努力，我国已成为继美国之后的第二研发大国，实现了从局部创新到"自主基因、自主技术、自主品种"的整体跨越，为转基因产业化应用打下了坚实基础。截至2020年底，我国共批准生产应用安全证书的转基因作物8种，1997年批准转基因抗虫棉花和耐储藏番茄，1999年批准改变花色矮牵牛和抗病辣椒，2006年批准1例转基因抗病毒番木瓜，2009年批准转基因抗虫水稻和转基因植酸酶玉米，2018年又批准1例转基因番木瓜，但迄今为止真正商业化应用的只有转基因抗虫棉和转基因抗病毒番木瓜，其他转基因作物都没有商业化种植。在转基因生物新品种培育重大专项支持下，

我国转基因作物研发取得重大突破，2019年批准2例抗虫耐除草剂玉米和1例耐除草剂大豆，2020年再次批准1例抗虫耐除草剂玉米和1例耐除草剂大豆，为转基因作物产业化应用奠定了重要基础。

转基因食品标识与安全性有关系吗？我国目前规定对哪些转基因产品进行标识？

转基因食品是否安全是通过安全评价得出的，即通过安全评价，获得安全证书的转基因产品是安全的。对转基因产品进行标识，是为了满足现阶段消费者的知情权和选择权，转基因产品的标识与安全性无关。我国对转基因产品实行按目录定性强制标识制度。2002年，农业部发布了《农业转基因生物标识管理办法》，制定了首批标识目录：

对上述5类17种转基因产品进行强制标识。

第一批实施标识管理的农业转基因生物目录

作物	种　　类
大豆	大豆种子、大豆、大豆粉、大豆油、豆粕
玉米	玉米种子、玉米、玉米油、玉米粉
油菜	油菜种子、油菜籽、油菜籽油、油菜籽粕
棉花	棉花种子
番茄	番茄种子、鲜番茄、番茄酱（目前我国没有生产和进口）

国际上是如何进行转基因生物食用安全性评价的?

　　转基因食品的安全性问题受到有关国际组织、各国政府及消费者的高度关注。国际食品安全标准主要由国际食品法典委员会（CAC）组织制定。国际食品法典委员会于2003年起先后通过了4个有关转基因生物食用安全性评价的标准。依据国际标准，目前国际上对转基因生物的食用安全性评价主要从营养学评价、新表达物质毒理学评价、致敏性评价等方面进行评估。大多数国家都有专门机构负责转基因食品的食用安全评价，各国安全评价的程序和方法虽然有所不同，但总的评价原则都是按照国际食品法典委员会的标准制定的，包括科学原则、比较分析原则、个案分析原则等。转基因食品入市前都要通过严格的安全评价和审批程序，比以往任何一种食品的安全评价都要严格。

科学原则
比较分析原则
个案分析原则

国际食品法典委员会

25. 我国转基因食品安全评价的主要内容和原则是什么？

　　我国转基因食品安全评价同样是遵循国际食品法典委员会（CAC）的标准，从营养学评价、新表达物质毒理学评价、致敏性评价等方面进行重点评估，主要评价基因及表达产物在可能的毒性、致敏性、营养成分、抗营养成分等方面是否符合法律法规和标准的要求，是否会带来安全风险。

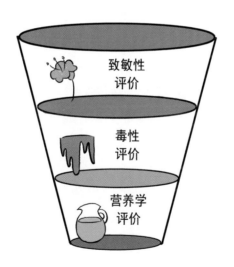

　　安全评价的原则有：①比较分析原则。如果转基因植物食品在化学组成上与对应的非转基因植物食品无实质性差异，可以认为该转基因植物食品是安全的。②预防原则。

以科学为基础，采取对公众透明的方式，结合其他的评价原则，对转基因生物及其产品研究和试验进行风险性评价，防患于未然。③个案评价原则。由于转基因生物及其产品中导入的基因来源、功能各不相同，受体生物及基因操作也可能不同。因此，必须对每一种新产品逐个进行评价，这也是目前大多数国家采取的评估原则。④分阶段原则。在产品开发的各个环节都要进行严格把关，以前步试验积累的相关数据和经验作为评价基础，确定是否进入下一个开发阶段。⑤科学透明原则。对转基因生物及其产品的评价应建立在科学、客观和透明的基础上，充分应用现代科学技术的研究手段和成果对转基因生物及其产品进行科学检测、分析和评价，在进行安全评价研究时应有严谨的科学假设和合理的科学目标，不能用臆想的安全问题来要求对转基因生物及其产品进行评价。⑥熟悉原则。了解转基因产品的外源基因的来源物种与转入物种的特性、同其他生物或环境的相互作用、预定用途等背景知识，通过已经积累的经验来指导新产品的开发。

（四）辟 谣 篇

 色彩鲜艳的圣女果、彩椒都是转基因食品吗？

　　植物是大自然赋予人类的宝贵财富，人类在长期的农耕实践中对野生植物进行栽培和驯化，从而形成了丰富的作物类型。我国市场上所有的圣女果、彩椒等都不是转基因品种，而是自然演变和人工选择产生的品种。

　　小番茄也叫圣女果、樱桃番茄，是自古就有的番茄品种。小南瓜和小黄瓜也不是转基因的，是自古就有的种质资源，这些小型化品种都来源于带着祖先原始基因的种质资

源，与转基因无关。过去为了追求高产，这些产量不高的品
种被弃之不用。随着人们生活水平的提高，这些具有特殊风
味和外观的品种受到消费者青睐，因此又重新被利用，以满
足消费者的多元化需求。

目前市场上在售的果蔬，其颜色跟转基因没有什么关
系，只是天然存在的遗传基因差异，并非转基因的结果。彩
色辣椒也是天然存在的，只是过去未大面积种植，普通消费
者很少见到而已。

27. 转基因会导致老鼠减少、母猪流产吗？

2010年9月21日，《国际先驱导报》报道称，"山西、吉林等地因种植先玉335玉米导致老鼠减少、母猪流产等异常现象"。经专业实验室检测和与相关省农业行政部门现场核查，山西和吉林等地没有种植转基因玉米，先玉335也不是转基因品种。据实地考察和农民反映，山西、吉林当地老鼠数量确有减少，这与山西晋中市和吉林榆树市分别连续多年统防统治、剧毒鼠药禁用使老鼠天敌数量增加、农户粮仓水泥地增多使老鼠不易打洞，以及奥运会期间因太原作为备用机场曾做过集中灭鼠等措施直接相关。关于"母猪流产"现象，与当地实际情况严重不符，属虚假报道。《国际先驱导报》的这篇报道被《新京报》列为"2010年十大科学谣言"。

大老鼠数量减少   小老鼠呆头呆脑

老鼠成灾的频率大大降低，正是因为鼠药的使用

28. 转基因是外国针对中国人的"基因武器"吗？

　　人种主要是个社会学的概念，虽然在外观上看起来有点差异，但在基因层面差异性极其微小，根本不足以据此研发所谓的专门针对某个种群的"基因武器"。从现实层面来说，任何一个国家大规模进口粮食作物，都会独立检测其安全性，虽然转基因作物的研发费时费力，但检测却没那么难。另外，转基因生物已在全球安全应用了25年，目前共有71个国家/地区应用了转基因作物，其中29个国家/地区种植（包括5个发达国家和24个发展中国家），42个国家/地区（16个国家/地区加上26个欧盟成员国）进口了用于食品、饲料和加工的转基因作物。因此转基因是外国针对中国人的"基因武器"的说法纯属无稽之谈。

如何在转基因争论中保持理性？

　　转基因话题在中国的网络空间持续发酵，专家与公众对于转基因作物的风险存在巨大争议。从乡村到城市、从普通人群到专家、从传统媒体到网络、从谣言到科学澄清，无不充斥着关于转基因是非的争论。但是谣言终归是谣言，真理永远不会缺席。面对转基因这一问题，不论普通民众、政府人员，还是科研人员，都应该扮演好自己的角色，在这场没有硝烟的论战中，让理性思考成为一种本能。

　　更多关于转基因知识的相关内容请登录农业农村部官网"转基因权威关注"进行查阅学习。（网址：http://www.moa.gov.cn/ztzl/zjyqwgz/）

图书在版编目（CIP）数据

请别误会转基因 / 农业农村部农业转基因生物安全管理办公室编. —北京：中国农业出版社，2022.7（2023.3重印）

ISBN 978-7-109-29631-2

Ⅰ.①请… Ⅱ.①农… Ⅲ.①转基因技术–普及读物 Ⅳ.①Q785-49

中国版本图书馆CIP数据核字（2022）第113098号

中国农业出版社出版
地址：北京市朝阳区麦子店街18号楼
邮编：100125
责任编辑：张丽四
版式设计：王　晨　责任校对：吴丽婷
印刷：北京缤索印刷有限公司
版次：2022年7月第1版
印次：2023年3月北京第2次印刷
发行：新华书店北京发行所
开本：889mm×1194mm　1/32
印张：3.25
字数：100千字
定价：30.00元
